BIBLIOTHÈQUE

DE

L'ENFANCE CHRÉTIENNE

LES ABEILLES

TOURS

A^D MAME ET CIE

IMPRIMEURS-LIBRAIRES

LES

ABEILLES

Les Abeilles.

LES

ABEILLES

I

Un vieux roi d'Espagne avait vu presque toute sa famille frappée d'une mort prématurée; il ne lui restait qu'un petit-fils, sur lequel reposaient toutes ses espérances, et qui était l'objet de ses plus tendres affections. Son amour pour ce dernier rejeton de sa race était même porté à l'excès, et la crainte de voir ce cher enfant malade, en contrariant ses désirs, faisait que le vieux roi voulait que tout cédât aux moindres caprices de son futur héritier.

Le jeune prince était donc ce qu'on appelle un enfant gâté, c'est-à-dire qu'on l'avait accoutumé à faire tout ce qu'il voulait et à ne faire que ce qu'il voulait. C'est là un grand malheur pour les enfants, à quelque classe de la société qu'ils appartiennent. Un enfant abandonné à ses propres volontés ne peut réussir à rien, il ne peut même être heureux. Ne pouvant supporter le travail, l'enfant gâté reste ignorant et prend l'habitude de la paresse; il n'a pas même l'avantage de passer une jeunesse heureuse, car les amusements et le jeu, auxquels il se livre constamment, perdent pour lui tout leur charme, du moment qu'ils ne sont plus le prix et le délassement du travail. L'enfant gâté, accoutumé à voir tous ses désirs satisfaits, ne peut plus supporter la moindre contradiction; cependant, comme il devient de plus en plus exigeant, il vient un moment où il n'est plus possible de satisfaire ses vœux : alors ce sont des cris, des larmes et des emportements, enfin des chagrins d'autant plus vifs que l'on sait moins les supporter. Le caractère de l'enfant gâté s'aigrit de plus en plus, et il finit par devenir insupportable à lui-même et aux autres.

C'est ainsi que l'on perd les plus précieuses qualités et que l'on déprave le plus heureux naturel. Les parents qui gâtent leurs enfants les vouent à l'ennui, à la souffrance, à la paresse, à l'ignorance et au malheur.

Tel était le sort de notre jeune prince; la mauvaise direction que l'on avait donnée à son éducation rendait souvent inutiles ces précieux dons de la nature, et, voulant lui éviter des chagrins, on avait faussé son caractère, qui était naturellement bon et doux ; on l'avait rendu emporté, volontaire et opiniâtre.

On lui avait donné un gouverneur plein de sagesse et de piété, qui gémissait de ne pouvoir former son élève suivant ses vues, mais qui voyait trop souvent l'autorité du roi contrarier ses plans d'éducation pour qu'ils pussent produire un heureux résultat. Cent fois il avait voulu résigner des fonctions qu'il n'était pas libre de remplir suivant ses désirs, mais les ordres et les prières du roi, dont il avait été le compagnon d'enfance, l'avaient toujours déterminé à conserver la place où la confiance du monarque l'avait appelé. Le digne vieillard se contentait donc de jeter dans l'âme du jeune prince quelques bonnes semences qui pussent germer plus tard, et, sans rien exiger de son élève qui pût lui être désagréable, il saisissait toutes les occasions de lui donner des leçons qui fussent de nature à le frapper en instruisant son esprit et en formant son cœur.

Un jour le jeune prince, que nous nommerons Alonzo, se promenait seul dans le parc qui entourait le magnifique château de plaisance où la cour était venue passer quelques journées d'été. Il ne pouvait se lasser d'admirer l'heureuse disposition de ces lieux enchanteurs ; les charmilles, les pièces d'eau, les bosquets embaumés qu'il parcourait en courant lui semblaient former de cette résidence un séjour de délices, et il se promettait bien du plaisir pendant le temps qu'il y devait passer.

Comme il parcourait, en bondissant de joie, les allées sablées du parc, il arriva dans un coin retiré où l'on avait disposé quelques ruches à abeilles. Alonzo n'avait aucune idée du travail de ces industrieux insectes : aussi fut-il très-étonné à la vue de ces petites cabanes de paille et du nombre prodigieux de ces grosses mouches qui bourdonnaient aux environs. Il ne tarda pas à remarquer que les abeilles entraient et sortaient constamment par l'ouverture de la ruche. Curieux de savoir ce qu'elles pouvaient faire ainsi et ce que renfermait cette espèce de panier renversé, autour duquel les grosses mouches se montraient si empressées, le jeune imprudent ramassa à terre une branche d'arbre et l'introduisit par la porte de la ruche. Aussitôt les abeilles, attaquées dans leur demeure, sortirent en grand nombre de la ruche et se jetèrent avec fureur sur le jeune prince, qui s'enfuit plein d'effroi, en se voyant attaqué par cet ennemi inattendu. Toutefois il ne put courir assez vite pour éviter la vengeance des abeilles : quelques-unes le poursuivirent avec acharnement, et deux d'entre elles le piquèrent cruellement à la figure et à la main.

Que l'on juge de la fureur et des cris du jeune prince ! Lui qui ne savait pas supporter la moindre douleur, il souffrait cruellement de ses blessures ; lui qui était accoutumé à voir tout ce qui l'entourait céder à ses moindres volontés, il voyait un faible insecte le braver et le maltraiter, sans qu'il pût se venger.

Son gouverneur et les valets, attirés par ses cris, le trouvèrent en proie à un tel accès de colère, qu'ils furent quelque temps à comprendre quelle en était la cause. Enfin il put s'expliquer, et d'ailleurs sa figure gonflée suffisait pour faire deviner le motif de son désespoir.

« Imprudent enfant, dit le gouverneur, vous vous êtes approché des ruches, et vous avez peut-être provoqué les abeilles.

— Quels sont ces horribles animaux? s'écria le prince, et pourquoi les souffre-t-on dans ce parc? Est-ce donc exprès pour qu'elles me piquent de leur aiguillon, et me fassent endurer des douleurs inouïes?

— Mon fils, reprit le gouverneur, la piqûre des abeilles est sans doute à redouter, mais on souffre ces insectes, et même on les recherche à cause de leur utilité.

— Leur utilité! A quoi peuvent servir de vilaines mouches qui ne savent que bourdonner et piquer?

— Tout ce que Dieu a fait est bien fait.

— Eh bien! moi, je trouve que vos abeilles sont des animaux affreux qui ne peuvent être que nuisibles; je ne veux pas que l'on en souffre dans ce parc, et si j'étais roi j'ordonnerais à l'instant que l'on détruisît dans tout le pays les repaires de ces bêtes dégoûtantes, qui ne sont bonnes qu'à piquer les gens, et je voudrais les voir disparaître de l'univers. »

Le gouverneur vit qu'il n'y avait rien à attendre de son élève en ce moment; il eut l'air de lui céder, et ordonna que l'on fît tout ce que l'on pourrait pour adoucir la souffrance réelle qu'il éprouvait. Il savait bien qu'une occasion ne tarderait pas à se présenter pour faire entendre au jeune prince les conseils et les instructions dont ce petit événement pouvait être le sujet.

En effet, quelques heures après le jeune prince était calmé, quoiqu'il souffrît encore, et même il était honteux de tout le bruit qu'il avait fait pour si peu de chose. L'heure de sa collation étant arrivée, il demanda à manger du miel, ce qui était pour lui un grand régal.

« Hâtez-vous, lui dit son gouverneur, de manger du miel; bientôt il n'y en aura plus en Espagne : et c'est bien dommage, car le miel est réellement une bonne chose, agréable au goût et même utile dans le traitement de plusieurs maladies. Toutefois les anciens auraient été encore plus privés que nous si on leur eût enlevé le miel, puisque avant la découverte du sucre on n'avait que le miel pour donner aux aliments cette douceur qui vous plaît tant.

— Mais pourquoi, reprit le jeune Alonzo, sommes-nous menacés de manquer de miel ?

— Parce que, lorsque vous serez roi, il n'y aura plus d'abeilles en Espagne, et si vous en avez le pouvoir, vous les ferez détruire dans tout l'univers.

— Et quel rapport existe-t-il entre le miel et ces méchantes abeilles ?

— Un rapport très-intime, car le miel est une substance que les abeilles composent du suc des fleurs, et s'il n'y avait plus d'abeilles, il n'y aurait plus de miel. »

Le petit prince parut frappé de cette observation ; il resta silencieux et sembla sentir qu'il avait parlé bien inconsidérément.

Le soir vint, et Alonzo, qui désirait examiner les gravures d'un beau livre dont son père lui avait fait cadeau, demanda des lumières. On lui apporta une lampe fumeuse, où une grosse mèche brûlait au milieu de graisse en fusion. Il repoussa avec horreur cette lampe, qui exhalait une odeur nauséabonde, et demanda avec colère pourquoi on ne lui apportait pas des flambeaux comme à l'ordinaire.

« Monseigneur, dit avec sang-froid le gouverneur, qui avait donné l'ordre de préparer cette lampe, c'est pour vous accoutumer à vous passer de bougies.

— Et qui m'a condamné à ne plus m'éclairer avec des bougies?

—Vous-même, Monseigneur, car vous avez proscrit les abeilles, et ces insectes, qui font le miel, font encore la cire dont sont composées les bougies.

—Mon cher gouverneur, dit le prince en rougissant, je vois bien que j'ai condamné trop vite les abeilles; mais, en vérité, c'est qu'elles m'avaient fait bien du mal.

— Elles vous ont blessé, mon enfant, parce que vous avez été troubler leur travail; si vous vous plaisiez davantage à l'étude, vous auriez vu dans vos livres des détails pleins d'intérêt sur l'admirable industrie des abeilles; vous y auriez appris aussi qu'il faut craindre d'exciter leur colère; vous n'auriez pas ignoré non plus quels produits précieux on recueille dans les ruches, et vous n'auriez pas dit tantôt que ces vilaines mouches n'étaient bonnes à rien.

— J'avoue mon ignorance, et je prends souvent de bonnes résolutions pour devenir plus laborieux; malheureusement je remets toujours au lendemain à changer de conduite; toutefois je me rappellerai que, si les abeilles m'ont rudement piqué, elles m'ont appris à connaître le prix du travail.

— Elles vous donneront bien d'autres leçons utiles, si vous voulez les étudier avec attention et profiter de leurs bons exemples.

« Si vous le voulez, nous irons examiner ensemble les travaux admirables de ces insectes, leur savante industrie, leur merveilleuse organisation, et c'est alors que vous serez bien convaincu que *tout ce que Dieu fait est bien fait.*

« En attendant, écoutez une fable que les abeilles ont inspirée à un saint prélat et à un grand écrivain qui était le gouverneur d'un prince plus appliqué que vous. »

LES ABEILLES

(Fable de Fénelon.)

« Un jeune prince, au retour des « zéphyrs, lorsque toute la nature se « ranime, se promenait dans un jardin « délicieux ; il entendit un grand bruit, « et aperçut une ruche d'abeilles. Il « s'approcha de ce spectacle, qui était « nouveau pour lui ; il vit avec étonne- « ment l'ordre, le soin et le travail de

« cette petite république. Les cellules
« commençaient à se former et à pren-
« dre une figure régulière. Une partie
« des abeilles les remplissaient de leur
« doux nectar; les autres apportaient
« des fleurs qu'elles avaient choisies
« entre toutes les richesses du prin-
« temps. L'oisiveté et la paresse étaient
« bannies de ce petit État, tout y était
« en mouvement, mais sans confusion
« et sans trouble. Les plus considérables
« d'entre les abeilles conduisaient les
« autres, qui obéissaient sans murmure
« et sans jalousie contre celles qui étaient
« au-dessus d'elles. Pendant que le jeune
« prince admirait cet objet, qu'il ne
« connaissait pas encore, une abeille,
« que toutes les autres reconnaissaient
« pour leur reine, s'approcha de lui,
« et lui dit : « La vue de nos ouvrages
« et de notre conduite vous réjouit, mais
« elle doit encore plus vous instruire.
« Nous ne souffrons point chez nous le
« désordre ni la licence; on n'est consi-

« dérable parmi nous que par son travail,
« et par les talents qui peuvent être utiles
« à notre république. Le mérite est la
« seule voie qui élève aux premières
« places. Nous ne nous occupons nuit et
« jour qu'à des choses dont les hommes
« retirent toute l'utilité. Puissiez-vous
« être un jour comme nous, et mettre
« dans le genre humain l'ordre que vous
« admirez chez nous! Vous travaillerez
« par là à son bonheur et au vôtre; vous
« remplirez la tâche que le destin vous
« a imposée : car vous ne serez au-des-
« sus des autres que pour les protéger,
« que pour écarter les maux qui les me-
« nacent, que pour leur procurer tous
« les biens qu'ils ont le droit d'attendre
« d'un gouvernement vigilant et pater-
« nel. »

II

Quelques jours après le petit événement que nous venons de raconter, le jeune prince, un peu réconcilié avec les abeilles, rappela à son gouverneur la promesse que celui-ci lui avait faite de lui expliquer et de lui faire voir le travail au moyen duquel les abeilles produisent le miel et la cire.

Le bon gouverneur, enchanté de ce désir d'instruction tout nouveau chez son élève, prit Alonzo par la main, et se rendit avec lui du côté où se trouvaient les ruches; il s'empara de quelques abeilles, et fit remarquer au jeune prince les détails de leur organisation; puis il lui expliqua les travaux auxquels ces intéressants insectes se livrent dans l'intérieur de la ruche. Nous allons essayer de reproduire les instructions simples et claires qu'il lui donna à cet égard.

« Il sera peut-être bon, mon cher ami, de vous donner d'abord quelques notions générales sur les insectes : ce sont de petits animaux qui n'ont ni os ni arêtes; qui, au lieu de sang, contiennent une liqueur blanchâtre et froide; dont la tête est ornée de cornes ou d'antennes mobiles, et le corps partagé en sections articulées. On distingue donc trois parties principales dans leur structure : la tête, qui comprend les antennes, la bouche, les yeux, dont les formes varient à l'infini; le corsèlet, qui joint la tête au corps, supporte les ailes et les pattes de devant;

et le corps, auquel sont attachées les autres pattes, et qui est percé sur les côtés d'ouvertures qui sont, chez ces animaux, les organes de la respiration. On n'a pas encore découvert chez les insectes les organes de l'ouïe et de l'odorat; il est cependant certain qu'ils existent; car les insectes sont effrayés par le bruit; ils montrent du goût pour certaines odeurs, tandis qu'il en est d'autres qu'ils ne peuvent supporter.

Presque tous les insectes sont ovipares, c'est-à-dire qu'ils pondent des œufs de différentes formes et de différentes grandeurs. Les mères savent choisir avec un admirable instinct les lieux les plus propres au développement de leur ponte; mais c'est une erreur de croire qu'il en naît de la corruption : si l'on en trouve dans des matières corrompues, c'est qu'ils y ont été déposés, comme dans des lieux favorables à leur existence. Les insectes ailés passent en général par divers états avant d'arriver à leur complet développement. 1° Ils éclosent de l'œuf sous la forme de petits vers ou de chenilles ; dans ce premier état, on les nomme *larves*. 2° Les larves parvenues à leur grosseur se renferment dans une espèce de fourreau composé de fils déliés ; dans cet état, on les appelle *nymphes*, ou *chrysalides*, ou fèves, suivant que leur enveloppe est plus ou moins transparente. 3° Enfin arrive le moment de l'état parfait ; l'insecte déchire les liens qui le garrottaient ; il s'échappe de sa prison, revêtu de brillantes couleurs ; il parcourt l'air en tous sens, dépose un grand nombre d'œufs qui doivent multiplier son espèce, et meurt.

L'abeille ou mouche à miel est un insecte dont le corps est velu, les ailes inférieures plus courtes que les supérieures, la bouche armée de mâchoires et d'une trompe, et qui porte à l'extrémité du ventre un aiguillon très-acéré pour sa défense.

Ces animaux vivent en société par essaims ou par familles; les nombreux individus qui composent cette société laborieuse se partagent en trois espèces bien caractérisées, dont la structure et les attributions sont aussi différentes que distinctes. On remarque donc dans une ruche :

1° Les abeilles mâles ou faux bourdons, qui sont ordinairement au nombre de mille à quinze cents; cette espèce est inactive et fainéante, et est dépourvue d'aiguillon;

2° La femelle ou reine abeille, qui est toujours unique dans une ruche, et dont les pattes ne portent pas les brosses de poil que l'on remarque chez les deux autres espèces;

3° Enfin les neutres ou ouvrières; ces dernières sont moins grosses que les deux autres espèces, mais elles sont infiniment plus nombreuses; on en trouve souvent jusqu'à trente ou quarante mille réunies dans le même groupe et reconnaissant le pouvoir d'une seule reine. Ce sont ces abeilles travailleuses qui sont chargées de toute la besogne à l'intérieur et à l'extérieur de la ruche, ce sont elles qui disposent l'habitation commune, qui construisent les alvéoles, et qui les remplissent de la provision précieuse mise en réserve pour la mauvaise saison.

La seule manière de donner une idée exacte des travaux de cette intéressante colonie consiste à tracer le tableau de ses diverses opérations, depuis le moment où elle prend possession de sa demeure jusqu'à ce qu'elle ait donné naissance à une nouvelle génération qui doit aller ailleurs se livrer aux mêmes travaux.

Lorsque les abeilles entrent pour la première fois dans la ruche qui doit leur servir de demeure, leur premier soin est de la nettoyer complétement des plus petites ordures qui peuvent s'y rencontrer. Elles n'ont pas de repos que la propreté la plus parfaite ne règne dans les lieux qu'elles doivent habiter. Les ouvrières vont ensuite récolter sur les bourgeons des jeunes arbres, et particulièrement sur ceux des peupliers, des bouleaux et des marronniers d'Inde, une matière résineuse et gluante dont elles enduisent les parois intérieures de la ruche, de manière à combler tous les interstices et à empêcher complétement l'air et l'humidité de pénétrer dans la ruche. On a vu même des abeilles envelopper d'une couche épaisse de cet enduit visqueux de petits animaux, qui, après avoir pénétré dans les ruches, avaient été tués à coups d'aiguillon, mais dont les corps étaient trop lourds pour que les abeilles pussent les transporter dehors. Ces cadavres disparaissaient sous la croûte épaisse et consistante dans laquelle ils se trouvaient enfouis, et leur décomposition ne pouvait plus occasionner aucune mauvaise odeur. La matière dont les abeilles font usage pour composer leur enduit a été nommée par les naturalistes *propolis*.

Cette opération préparatoire terminée, les ouvrières vont commencer leur récolte; elles se roulent dans la corolle des fleurs, et se chargent ainsi de *pollen*, c'est-à-dire de cette poussière jaune que contient l'intérieur des fleurs; puis elles se nettoient au moyen de petites brosses dont leurs pattes sont munies, et réunissent ce pollen en deux petites boules qu'elles rapportent à la ruche, attachées à leurs jambes postérieures. Ce pollen leur sert de nourriture; puis il se forme chez les abeilles une sorte de transsudation ou de sécrétion qui s'amasse dans les anneaux de l'abdomen; c'est là la *cire*, c'est-à-dire la matière dont les abeilles vont se servir pour construire les cellules destinées à recevoir les larves et à servir de magasin pour les provisions de l'hiver.

La construction des rayons commence par le haut de la ruche; les abeilles ouvrières construisent d'abord une espèce de cloison verticale, sur les deux faces de laquelle elles attachent ensuite de petites cellules, appelées *alvéoles*, qui ont la forme de prisme à six pans, et qui sont disposées les unes au-dessus des autres en lignes horizontales. C'est là ce qui constitue les gâteaux ou rayons. Ils sont espacés l'un de l'autre de manière à laisser précisément entre eux le passage de leurs abeilles. La disposition des cellules est un chef-d'œuvre de précision ; l'art réuni de tous les architectes du monde n'aurait pu inventer une forme qui demandât moins de cire et qui occupât moins de place.

On distingue dans une ruche trois sortes d'alvéoles ; les plus petits, qui sont aussi les plus nombreux, sont destinés à recevoir les provisions de miel et les larves des abeilles neutres ou ouvrières ; d'autres, un peu plus grands, mais ayant exactement la même forme, recevront les larves des mâles ; et enfin d'autres cellules plus grandes encore et d'une autre forme sont réservées pour servir de berceau aux jeunes reines. Ces dernières cellules ne sont pas rangées avec les autres ; elles sont à part, attachées quelquefois au bord des rayons, et relevées verticalement. Le nombre total des cellules renfermées dans une bonne ruche s'élève environ à cinquante mille.

Lorsque ces alvéoles sont achevés, la reine ou mère abeille y dépose ses œufs. Cette reine est toujours unique dans une société d'abeilles ; elle semble en être l'âme et la souveraine. Si l'on enlève la reine d'une ruche, le travail cesse aussitôt, les ouvrières semblent découragées, et se dispersent bientôt, si elles ne trouvent pas une autre mère à mettre à la place de celle qu'elles ont perdue ; on dit cependant que, si on leur donnait une nouvelle reine dans la première journée qui succède à la disparition de l'ancienne, elles mettraient en pièces la nouvelle venue; plus tard elles l'accueillent avec respect et empressement.

La reine dépose un œuf dans chaque alvéole ; deux à trois jours après, la larve éclôt sous la forme d'un petit ver blanchâtre. Les ouvrières la nourrissent d'une substance ou pâte liquide d'un blanc de lait et d'un goût sucré. Au bout de cinq à six jours, la larve commence à filer son enveloppe ou sa coque, qui est formée d'un tissu fort épais. Dès que les neutres s'aperçoivent que la larve s'enveloppe de fils, elles la laissent opérer sa métamorphose, et bouchent l'alvéole avec de la cire. Trois jours suffisent pour que l'abeille se forme, mais ce n'est qu'au bout de huit autres qu'elle a acquis assez de force pour percer le couvercle de sa cellule qui la retient prisonnière. Lorsque enfin elle a réussi à se faire jour, elle vient se placer sur le bord du gâteau; elle est alors blanchâtre, humide et tremblante. Les neutres s'empressent autour de l'insecte nouveau-né; elles l'essuient, le sèchent, le brossent, le caressent, et lui apportent la nourriture, qu'elles déposent sur sa trompe. Après avoir reçu pendant quelques jours ces soins empressés, la jeune abeille est en état de voler hors de la ruche.

Les circonstances de l'éclosion et de la métamorphose sont les mêmes pour les neutres et pour les mâles; seulement ces derniers sont plus longtemps à prendre leur développement; mais leur existence n'est pas la même : les premières vont aider leurs sœurs au travail dès qu'elles en ont la force; les autres ne prennent aucune part à la récolte et à la formation des magasins de réserve; ils bourdonnent autour de la ruche, cherchent leur nourriture au milieu des fleurs, vont et viennent, mais ne rapportent jamais rien au trésor commun.

Plus tard ils portent les peines de leur paresse : lorsque la saison avance, et que les fleurs deviennent plus rares dans la campagne; lorsque les premiers froids avertissent les insectes de préparer leurs magasins pour l'hiver, les abeilles voient avec inquiétude cette foule de faux bourdons qui vont dévorer les provisions qu'ils n'ont pas contribué à recueillir. Alors leur mort est résolue, les abeilles se jettent avec fureur sur tous les mâles, qui, dépourvus d'aiguillon, ne peuvent résister à cette attaque; bientôt les environs de la ruche sont jonchés de cadavres; tout ce qui appartient à cette espèce est proscrit sans pitié, les nymphes mêmes et les larves qui devaient produire des mâles sont arrachées des alvéoles, percées de coups d'aiguillon et jetées en dehors de la ruche.

Alors les neutres s'occupent activement de remplir les alvéoles vides de miel. Cette substance est le nectar des fleurs; le meilleur est celui des plantes labiées. Les abeilles se le procurent en plongeant leurs trompes au fond des fleurs; mais, lorsque celles-ci sont trop profondes et trop étroites pour que la langue des abeilles y puisse atteindre, elles percent adroitement, avec leurs mandibules, la corolle et quelquefois même le calice de la fleur, sur le côté. Lorsque leur jabot est rempli de miel, elles retournent le dégorger à la ruche.

Nous n'avons pas encore parlé de la naissance de la mère abeille. L'alvéole dans lequel est contenue la larve royale est plus grand que les autres, ainsi que nous l'avons déjà dit; la nourriture de la larve n'est pas non plus la même : elle consiste en une espèce de gelée d'un parfum et d'un goût tout particulier, que les abeilles donnent en grande abondance à la larve d'où doit sortir la mère abeille. Il paraît même que c'est à cette nourriture spéciale que la reine doit les qualités qui la distinguent, et qu'une larve de neutre, transportée dans un alvéole de reine et soumise à ce régime, prend les développements qui caractérisent la souveraine de la ruche.

Dès que la reine est sortie de son alvéole, tandis qu'elle affermit par le contact de l'air ses membres encore débiles, les autres abeilles viennent en grand nombre la lécher et la caresser. Lorsque la reine se sent capable d'agir par elle-même, le premier usage qu'elle fait de sa force et de sa liberté, c'est d'aller percer tous les alvéoles qui contiennent des larves ou des nymphes de reine, et de les détruire ; elle se jette avec fureur sur les vers qui doivent donner naissance à une abeille mère, et laisse aux neutres le soin de jeter les cadavres hors de la ruche.

Une mère ne peut pas souffrir de rivale. Si, par hasard, deux reines viennent à éclore en même temps, elles se livrent aussitôt dans l'intérieur de la ruche un combat qui ne finit que par la mort de l'une des deux. Si l'une des reines cherche à éviter la rencontre, les neutres la retiennent et la forcent à combattre. Dans ces duels les deux reines cherchent à monter l'une sur l'autre, et à se percer de leur aiguillon lorsqu'elles se trouvent dans cette position. Les neutres assistent en grand nombre et dans une grande agitation à ces luttes; elles retiennent les reines si elles cherchent à se séparer, et leur laissent le champ libre dès qu'elles semblent disposées à recommencer le combat.

Cependant il éclôt un si grand nombre d'abeilles, que bientôt la ruche est trop petite pour les contenir; il faut songer à éloigner l'excédant de la population; alors on décide le départ d'une colonie qui ira fonder ailleurs un autre établissement. C'est toujours la vieille reine qui se met à la tête des émigrants ; elle sort de la ruche, et va s'arrêter sur une branche dans les environs; les abeilles qui doivent l'accompagner se groupent autour d'elle, et forment quelquefois une boule assez grosse ; c'est le moment de s'emparer de cette colonie que l'on nomme un *essaim*, et de la placer dans le lieu où l'on veut qu'elle s'établisse.

Comme une ruche ne peut pas exister sans reine, les abeilles que leur reine a abandonnées pour aller guider un nouvel essaim ne tardent pas à remplacer leur souveraine. Avant même que l'essaim soit parti, elles élèvent avec tout le soin imaginable, dans une cellule royale, une larve qui doit leur donner une nouvelle mère;

s'il n'existe pas de larve de cette espèce dans la ruche, les neutres choisissent une larve ordinaire, réunissent deux ou trois alvéoles pour en faire un plus grand, et apportent en abondance à la larve choisie la nourriture particulière qui doit lui donner les facultés nécessaires aux fonctions de mère abeille. Si cette reine éclôt trop tôt et avant que l'ancienne soit partie, les abeilles fortifient la clôture de cire qui la renferme, de manière à ce qu'elle reste prisonnière jusqu'au moment où l'on aura besoin d'elle. Elles se contentent de laisser à l'alvéole qui la retient une petite ouverture au moyen de laquelle elles lui font passer la nourriture qui lui est nécessaire. »

Le jeune prince avait été vivement frappé de ces intéressants détails, et il était bien revenu sur le compte des abeilles, dont il ne soupçonnait pas l'utilité et l'admirable industrie.

« Mais, s'écria-t-il, comment a-t-on

pu étudier les mystères intérieurs de la ruche, suivre le travail des abeilles et reconnaître tous les détails de leur organisation?

— Pour faciliter les recherches des naturalistes, répondit le gouverneur, on a construit des ruches en verre qui permettaient de suivre les travaux des abeilles dans l'intérieur de leur habitation. On se sert aussi de ruches à tiroirs; ces ruches sont composées d'un certain nombre de tiroirs sans fond, ou plutôt de cadres placés verticalement les uns à côté des autres. La largeur des cadres est combinée de manière à ce que chacun d'eux ne supporte qu'un gâteau ou rayon. A deux extrémités, ces tiroirs sont fermés par des vitres. On peut, par ce moyen, retirer un ou plusieurs cadres avec le rayon et les abeilles qui y travaillent, et substituer des cadres vides. On peut encore ajouter de nouveaux cadres et agrandir la ruche, lorsque le nombre des abeilles devient trop considérable.

— Vraiment, s'écria le jeune prince, je suis enchanté de tout ce que vous m'avez appris là, et, bien loin de vouloir détruire toutes les abeilles, je chercherai le moyen de les voir de plus près et de suivre sans danger leurs ingénieux travaux. Je me souviendrai aussi qu'il ne faut pas juger trop vite les choses que l'on ne connaît pas. J'étais loin de soupçonner ce matin toutes les merveilles que vous m'avez racontées sur cet intéressant insecte.

— La création est pleine de miracles de cette espèce sur lesquels l'habitude nous fait fermer les yeux; mais plus nous pénétrons dans l'étude de la nature, plus nous devons admirer la puissance et la bonté infinie du Seigneur, qui a donné à chaque individu son utilité particulière qui doit concourir au bien général. Si l'utilité de quelques êtres nous échappe, n'en accusons que la faiblesse de nos sens, et soyons convaincus par tout ce que nous voyons autour de nous que Dieu est aussi sage, aussi bon qu'il est puissant, et que tout ce qu'il a fait est bien fait. »

FIN.

Tours, impr. Mame.

www.ingramcontent.com/pod-product-compliance
Ingram Content Group UK Ltd.
Pitfield, Milton Keynes, MK11 3LW, UK
UKHW032016260826
14628UKWH00006B/2519

9 782329 613987